JN225505

Building Construction

Field Note

Building Construction
Field Note

Building Construction Field Note ⟨GN⟩

2019年11月20日 [第1版第1刷発行]

編集——井上書院 ©

発行者——石川泰章

発行所——株式会社井上書院
東京都文京区湯島2-17-15 斎藤ビル
TEL:03-5689-5481 FAX:03-5689-5483
https://www.inoueshoin.co.jp

印刷所——株式会社ディグ

製本所——誠製本株式会社

装幀——川畑博昭

ISBN978-4-7530-0566-6 C3450
Printed in Japan